LE

CLIMAT DE PAU

Étude — Indications

PAR

Le Dʀ GOUDARD (de Pau)

MEMBRE CORRESPONDANT DE LA SOCIÉTÉ ANATOMIQUE DE PARIS

PARIS

ANCⁿᵉ LIBRAIRIE G. CARRÉ ET C. NAUD

C. NAUD, ÉDITEUR

3, RUE RACINE, 3

—

1902

LE

CLIMAT DE PAU

Étude — Indications

PAR

Le Dʀ GOUDARD (de Pau)

MEMBRE CORRESPONDANT DE LA SOCIÉTÉ ANATOMIQUE DE PARIS

PARIS

ANCᵉ LIBRAIRIE G. CARRÉ ET C. NAUD

C. NAUD, ÉDITEUR

3, RUE RACINE, 3

—

1902

DU MÊME AUTEUR

Leçons de thérapeutique au lit du malade, professées à l'hôpital de la Pitié, par M. Albert ROBIN, recueillies et rédigées dans le « *Bulletin général de Thérapeutique* » :

a Traitement préventif et traitement curatif de l'otite dans la fièvre typhoïde (*Bull. gén. de Thérap.* du 30 juillet 1895).

b Traitement de la furonculose (*Bull. gén. de Thérap.* du 15 août 1895).

c Traitement du zona (*Bull. gén. de Thérap.* du 30 octobre 1895).

Contribution à l'étude de l'albuminurie diabétique et de son traitement, *Thèse de doctorat* (Steinhel, éditeur, 1897).

Louis Pasteur, ses travaux, leur influence sur l'hygiène moderne, conférence faite à la *Société philomatique de Pau*, le 18 janvier 1899.

La tuberculose et l'hygiène, conférence faite à la *Société philomatique de Pau*, le 29 mars 1899.

Les stations hivernales françaises du Sud-Ouest, *Gazette des hôpitaux* du 31 octobre 1899.

L'alcoolisme, conférence faite à la *Société philomatique de Pau*, le 28 décembre 1899.

L'eau potable, conférence faite à la *Société philomatique de Pau*, le 7 mars 1901.

Le climat de Pau, conférence faite au *Congrès du Syndicat médical des stations pyrénéennes à Pau*, le 9 juin 1901.

LE
CLIMAT DE PAU

Étude. — Indications.

CHAPITRE PREMIER

HISTORIQUE

La connaissance exacte d'un climat repose beaucoup plus sur les observations recueillies et transmises par les divers auteurs qui s'en sont occupés que sur l'étude isolée faite, même de très bonne foi, par un habitant de la localité intéressée dont l'impartialité risquerait d'être suspectée. C'est pour cela qu'il nous semble utile de faire précéder d'un historique, aussi succinct que possible d'ailleurs, les données que nous nous proposons d'exposer sur la climatologie paloise. Aussi bien est-ce le seul moyen de faire porter notre étude sur une longue suite d'années et d'avoir pour juger une question qui nous touche de si près le recul du temps indispensable à une vue d'ensemble sérieuse et scientifique.

Pau n'a pas échappé à cette loi générale qui veut que la France ait toujours besoin de l'étranger pour découvrir ses beautés propres. Ses habitants ignoreraient peut-être encore la splendeur grandiose de la vue des Pyrénées si les touristes anglais n'étaient venus le leur révéler.

C'est également à un médecin anglais que nous devons la révélation du climat de cette ville.

Entre 1816 et 1825, avec les premiers hôtes de Pau, arrive le Dr Playfair, qui recueille des observations médicales, mais ne les publie pas.

L'éminent climatologiste anglais, sir James Clark, s'en inspire et publie dans un travail considérable un chapitre sur le climat de Pau, qui ne contribue pas peu à augmenter la clientèle anglaise de cette station.

C'est surtout dix ans plus tard que le Dr Alexander Taylor donne à Pau une renommée considérable en Angleterre par la publication d'un livre intitulé : *De l'influence curative du climat de Pau*. Ce livre, qui a été traduit en français par Patrick O'Quin, eut un succès considérable en Angleterre ; il contient d'ailleurs des appréciations extrêmement justes que le temps n'a pas démenties.

Le Dr Louis, dans son livre intitulé : *Recherches anatomiques pathologiques et thérapeutiques sur la phtisie* est le premier médecin français qui ait parlé de Pau. Dans ce premier ouvrage, il se montre plutôt sceptique à l'endroit de l'influence des climats sur la marche de la phtisie, mais dix ans plus tard il amène son fils à Pau et, bien qu'il ait la douleur de le voir succomber au terrible mal, il écrit à Taylor une lettre dans laquelle nous trouvons des données aussi justes qu'utiles sur la climatologie paloise.

Citons ensuite les travaux des Drs Roussel en 1847, Deffis en 1848, Bricheteau en 1851, Francis en 1853, Amédée Latour en 1856. — Guéneau de Mussy, en 1860, conseille le climat de Pau aux « sujets nerveux, excitables, qui réagissent avec une extrême vivacité, à qui un climat très chaud ou un air très vif seraient nuisibles et qui ont besoin d'un climat tempéré, d'un air doux, tranquille, plutôt mou que sec, sans être décidément humide ».

Nous devons citer ensuite les opinions également favorables à Pau de Bonnet de Malherbe et Champouillon, de Scoresby-Jackson, de Gigot-Suard, de de Valcourt en 1865. L'opinion des médecins allemands nous est donnée par un opuscule très consciencieux et tout à fait favorable à Pau du Dr Schaer de Brème. En Allemagne encore, Burckhardt et Niemeyer signalent et conseillent cette ville.

Plus près de nous, en 1870, le Dr Walshe, en Angleterre, conseille Pau aux phtisiques irritables à toux sèche.

En 1870 encore, le Dr Carrière consacre à Pau une monographie très élogieuse.

Hirtz place cette station en tête de toutes nos villes sanitaires hivernales.

Dans ses *Études générales et pratiques sur la phtisie*, Pidoux range Pau parmi les stations les plus remarquables du Sud-Ouest pour les phtisiques irritables.

En 1872, le Dr Théodore Williams publie sur Pau une critique que le Dr Cazenave de la Roche réfute vigoureusement.

En 1876, le Dr Garreau (de Laval) publie le *Journal humoristique d'un médecin phtisique,* où le climat de Pau est étudié avec une sympathique impartialité.

Roth et Lebert, dans des ouvrages d'importance différente, parlent avantageusement du climat de Pau.

Lombart, en 1880, indique l'influence du climat de Pau sur la phtisie au point de vue de la diminution de la toux, des hémoptysies, de l'éréthisme et de la fièvre.

Ferrand étudie les périodes et les formes de la tuberculose auxquelles convient le climat de Pau.

Cullimore conseille Pau aux phtisiques au début, excitables et nerveux.

Le Pr Jaccoud admet Pau dans le groupe des stations favorables au traitement de la phtisie commune.

Dujardin-Beaumetz accorde à Pau une haute valeur comme station hivernale pour les formes lentes de la phtisie.

Germain Sée compare Pau à Rome et à Pise, lui accordant sur ces deux villes une supériorité incontestable due à la pureté de l'air.

Dans le *Dictionnaire Dechambre,* M. Rotureau conseille Pau aux malades torpides et nerveux et le déconseille à ceux qui ont des hémoptysies fréquentes. Dans le même ouvrage, à l'article : *Phtisie pulmonaire,* Grancher et Hutinel placent Pau avec Pise, Rome et Montreux parmi les plus recommandables des stations qui conviennent aux phtisiques.

Dans le traité de la phtisie pulmonaire de Hérard, Cornil et Hanot, les auteurs vantent la remarquable tranquillité de l'atmosphère à Pau et conseillent cette station aux tuberculeux éréthiques.

Enfin, en terminant, nous citerons l'intéressante étude du D^r

Labat, qui considère le climat de Pau comme un climat sédatif par excellence.

Nous avons laissé de côté à dessein jusqu'ici les travaux des médecins de Pau et de la région qui se sont occupés de climatologie locale. Leurs travaux tiennent naturellement une place considérable dans l'étude du climat de Pau. Ils sont tous empreints d'une impartialité qui les honore. Il faut d'abord citer le Dr Lahillone qui publie, en 1867, une notice sur le climat de Pau. La même année, un praticien éminent et un savant consciencieux, le Dr Duboué, publie un livre dans lequel il signale à Pau la fréquence du paludisme. Cette thèse est énergiquement réfutée par le Dr Lahillonne. Ce médecin distingué public peu après une étude de météorologie médicale au point de vue des maladies des voies respiratoires, étude qu'il complète deux ans plus tard dans une nouvelle notice médicale sur le climat de Pau.

En 1876, le Dr Cazenave de la Roche publie une étude sur l'action sédative du climat de Pau et, trois ans plus tard, un nouveau travail sur le même sujet.

En 1880, paraît enfin l'un des travaux les plus considérables auxquels ait donné lieu la climatologie paloise. Sous ce titre : *Esquisse de climatologie médicale sur Pau et ses environs,* le Dr Duboué publie, en 1880, un mémoire qui a servi de base à tous les travaux postérieurs sur le climat de Pau et auquel nous ferons de fréquents emprunts.

Nous avons eu aussi recours très largement dans la préparation de ce mémoire aux travaux beaucoup plus récents et vraiment très précieux du Dr Musgrave Clay, publiés dans le volume sur Pau et les Basses-Pyrénées, que la municipalité paloise a offert en 1892 à l'Association française pour l'avancement des sciences, et du Dr Lavielle (de Dax). Le travail de ce dernier auteur constitue un des chapitres les plus importants du bel ouvrage qu'il a publié récemment sur les stations hivernales françaises.

Le Dr Duhourcau a également publié divers travaux fort appréciés, tant au point de vue de la bibliographie qu'au point de vue de la climatologie paloises.

Enfin, un météorologiste, qui est devenu un maître dans cette science qu'il honore, M. Piche, a fait de nombreuses recherches sur la *climatognosie* de Pau. C'est à sa compétence et à son activité que nous devons la plupart de nos connaissances sur la météorologie paloise.

Le Dr Crouzet, dans son sanatorium de Trespoëy, a installé un observatoire météorologique qui lui a donné de beaux graphiques thermométriques, barométriques et hygrométriques. Il a bien voulu mettre à notre disposition les précieuses observations qu'il a ainsi pu recueillir depuis quatre ans.

Nous avons nous-même publié, en 1899, dans la *Gazette des hôpitaux,* un article sur les stations hivernales françaises du Sud-Ouest et fait plus récemment au Congrès du syndicat médical des stations pyrénéennes une conférence sur le climat de Pau.

CHAPITRE II

TOPOGRAPHIE. — GÉOLOGIE. — INFLUENCES EXTÉRIEURES DIVERSES

POUVANT MODIFIER LE CLIMAT

Sans entrer dans une description de la ville de Pau qui ne serait pas ici à sa place, nous rappellerons en quelques mots sa topographie générale, nous verrons ensuite brièvement la composition de son sol et, plus longuement, les influences extérieures qui peuvent modifier son climat et lui donner son caractère propre.

Pau est située sur un plateau élevé de 207 mètres au-dessus du niveau de la mer, plateau qui domine de 30 à 35 mètres la vallée du Gave qui coule à ses pieds. Cette ville est à $43°,17'$ de latitude Nord et à $2°43'$ de longitude occidentale.

Elle est placée environ au centre de figure d'un trapèze irrégulier offrant dans la disposition générale de son relief un plan à double pente (Mendez). L'une de ces pentes, très raide, dirigée du Sud au Nord, part de la hauteur moyenne des Pyrénées (2 000 à 2 500 mètres) pour aboutir à 100 kilomètres seulement, sur la frontière des Landes à l'altitude minime d'à peu près 40 mètres.

L'autre pente, orientée de l'Est à l'Ouest, part du plateau de Lannemezan à l'altitude de 800 à 1 000 mètres pour se réduire à zéro sur la côte, de la barre l'Adour à Hendaye, à une distance d'environ 200 kilomètres.

Nous verrons comment cette disposition générale protège la ville de Pau contre les vents violents. D'ailleurs cette ville est entourée complètement d'une ceinture protectrice constituée à l'Est, au Sud et au Nord par les cotaux qui l'entourent, à l'Ouest par la belle et longue promenade du parc qui ferme son horizon par un magnifique rideau d'arbres élevés et serrés, de plus d'un kilomètre de long.

Il ne nous appartient pas de vanter ici les belles promenades que la ville de Pau offre aux malades et aux touristes, mais il nous sera bien permis de nous montrer fier de son magnifique boulevard des Pyrénées, longue et spacieuse cure d'air, qui déroule en plein midi devant ce merveilleux panorama des montagnes que Lamartine appelait *la plus belle vue de terre*, la série de ses terrasses sur une longueur de 3 kilomètres en allant de l'extrémité du parc national à l'extrémité du parc Beaumont qui le terminent à l'Ouest et à l'Est.

Au point de vue géologique, la ville de Pau est assise sur un sol remarquablement absorbant, formé d'alluvions anciennes. Il comprend d'abord une couche de terre végétale dont l'épaisseur peut atteindre 1^m,50 mais peut aussi être beaucoup moindre. Au-dessous se trouve un dépôt d'argile dont l'épaisseur va en diminuant sur les pentes au point de s'atténuer presque complètement. Les constructions de maisons et les diverses fouilles ou travaux pratiqués dans le sol ont produit de très nombreuses solutions de continuité dans l'épaisseur de cette couche d'argile qui ne s'oppose plus, grâce à ses nombreux orifices, à la pénétration de l'eau dans la couche sous-jacente.

Cette couche sous-jacente est essentiellement poreuse, elle est formée de cailloux et de sable fin n'offrant aucune adhérence, elle est par conséquent extrêmement perméable. C'est à la base de ce dépôt, au-dessous de la couche tout à fait profonde du sol, formée de poudingue de Palassou, que circule la vaste nappe des eaux du sous-sol.

D'ailleurs le sol est drainé merveilleusement par la topographie même de la ville qui est traversée dans toute sa longueur de l'Est à l'Ouest par le ravin au fond duquel coule le petit ruisseau du Hédas; au Nord par une dépression qui aboutit au ravin de la Herrère; au Sud par la pente qui s'incline vers le Gave et l'Ousse.

Nous devons signaler cependant au Nord-Ouest de la ville une prolongation des landes argileuses du Pont-Long dans laquelle le terrain est moins perméable; c'est à cette imperméabilité et aux marais qui en résultaient qu'on doit d'avoir pu signaler à Pau autrefois des cas de paludisme. Depuis que ces terrains ont été drainés, bâtis et cultivés le paludisme a complètement disparu de ces régions.

Les influences extérieures qui agissent sur le climat de Pau sont, d'abord le voisinage des montagnes qui présente des avantages et des inconvénients. Ces avantages sont : la protection plus complète contre les vents, le rafraîchissement des vents du Sud par le passage sur les glaciers. Les inconvénients consistent surtout dans le refroidissement qu'amène la proximité des neiges de la montagne. Ce refroidissement est extrêmement sensible lorsqu'il vient de tomber de la neige en abondance, particulièrement sur les premiers plans des Pyrénées. Ce phénomène est surtout appréciable au moment des chutes de neige de l'automne et du printemps ; dans l'intervalle il passe absolument inaperçu ; lorsqu'il se produit d'ailleurs il est toujours de très courte durée et l'équilibre de la température se rétablit au bout d'une ou deux journées tout au plus.

Le voisinage du Gave n'a guère d'influence sur le climat. La ville est trop élevée au-dessus du niveau de ce torrent pour ne pas être complètement à l'abri de la très légère buée qui s'en dégage le matin et le soir. Enfin on peut également compter parmi les causes extérieures agissant sur le climat l'absence de forts courants aériens, mais c'est plutôt là une des qualités proprement dites du climat et son étude viendra mieux à sa place quand nous rechercherons quels sont les vents qui soufflent à Pau.

Beaucoup plus importante est l'influence du voisinage de l'Atlantique qui conserve pendant l'hiver une quantité considérable de la chaleur acquise en été. En outre, le gulf stream répand sur l'océan non loin de nos côtes, en une seule journée, une quantité de chaleur qui, pour l'Américain Maury, suffirait à élever du point de congélation à la chaleur d'été la température de la masse d'air atmosphérique qui couvre la France et la Grande-Bretagne. En outre l'influence de l'océan contribue à entretenir l'état hygrométrique de Pau et par suite la sédation de son air et la splendeur de sa végétation.

CHAPITRE III

ÉTUDE DU CLIMAT DE PAU

L'étude proprement dite du climat de Pau n'est pas beaucoup plus aisée que celle de tous les climats en général. Il est difficile de faire entrer ce climat dans telle ou telle catégorie, si tant est que l'on puisse faire des catégories en climatologie. Bien que l'on ait beaucoup écrit sur ce sujet, il n'existe pas à vrai dire de renseignements véritablement scientifiques et de longue haleine qui permettent d'établir les règles précises auxquelles est soumis le climat palois.

Cependant, nous pouvons dire avec M. Piche que « les étrangers et les médecins qui ont observé le climat de Pau, même sans instrument, en ont bien reconnu les caractères spéciaux ».

Sans doute, les étrangers qui viennent à Pau avec l'idée d'y trouver un printemps perpétuel sont souvent déçus par la réalité.

Nous pourrions, comme on l'a fait pour d'autres villes, répudier ce rapprochement entre le climat de Pau et le climat printanier en montrant qu'il y a en effet peu de rapports entre le climat palosi et la saison qui amène du 21 mars au 21 juin sur toute la France la période peu agréable pendant laquelle le froid succède aux giboulées, la chaleur à la pluie, le temps gris aux orages et aux tempêtes.

De ce printemps-là nous ne voulons pas et ce serait peu flatter notre ville que de l'accuser d'offrir perpétuellement à ses hôtes un état météorologique aussi désagréable.

Nous avons mieux que cela à leur offrir, au moins en hiver, c'est-à-dire pendant la saison proprement dite qui attire les étrangers à Pau.

Nous ne pouvons mieux résumer l'impression réelle que produit le climat de Pau, qu'en disant avec M. Piche que ce climat n'est « qu'assez beau, mais qu'il est bon ». Le savant météorologiste

palois que nous venons de nommer en a résumé les caractères avec
une netteté et une précision devant lesquelles s'inclinent tous les
observateurs sincères, dans une appréciation que nous sommes
heureux de reproduire ici.

« — Calme habituel de l'atmosphère.

« — Vents violents rares et non nuisibles.

« — Température ordinairement agréable, présentant quelques
« variations brusques, mais dont il est facile de se garantir.

« — Pluies un peu trop fréquentes, mais plus salutaires aux ma-
« lades que les temps secs prolongés.

« — Absence presque complète d'humidité libre dans l'atmos-
« phère. »

Nous allons étudier successivement les différents points énumérés
ans ce sommaire des qualités du climat de Pau.

CALME DE L'ATMOSPHÈRE. — ABSENCE DE VENTS VIOLENTS

« Ce qui frappe le plus en arrivant à Pau, après la magnificence
« du paysage, écrivait Louis à Taylor en 1854, c'est le calme de
« l'atmosphère, calme si complet du 25 octobre au 31 décembre de
« l'année dernière, que j'ai bien vu pendant cet espace de temps
« les feuilles des arbres osciller, mais jamais leurs branches, à deux
« ou trois jours près ; en sorte que pendant les six premières se-
« maines, de mon séjour dans la capitale du Béarn, j'étais dans un
« étonnement perpétuel, n'ayant jamais rien vu ni lu de semblable
« si ce n'est dans votre ouvrage que je croyais, je l'avoue, un peu
« empreint d'exagération sur ce point. Si depuis le milieu de
« décembre l'atmosphère de Pau n'a pas été aussi parfaitement
« calme le vent y a toujours été rare et, si je ne puis affirmer,
« d'après mon expérience personnelle, qu'il en soit toujours ainsi
« pendant la mauvaise saison, il m'est impossible, après avoir
« consulté les tableaux météorologiques dressés à Pau et recueilli
« le témoignage des personnes les plus dignes de confiance, de
« croire que, sous le rapport du vent, l'hiver qui finit diffère beau-
« coup des autres hivers. »

Cette constatation du Dr Louis est reprise par presque tous les climatologistes qui en font l'un des caractères principaux de la climatologie paloise.

« La conformation topographique des environs de Pau, écrit le
« Dr Taylor, met presque entièrement la ville à l'abri du vent, de
« sorte qu'il est souvent difficile d'indiquer le point d'où il
« souffle. »

A quoi tient cette absence de vent?

Pour les uns, elle est due purement et simplement au voisinage des montagnes, pour les autres, à la proximité de l'océan ; pour d'autres, aux collines qui entourent la ville ; pour d'autres, enfin, à l'antagonisme, d'une part, des vents du Sud, arrêtés en partie par les montagnes, et des vents du Nord auxquels les landes n'opposent qu'un faible obstacle ; d'autre part, des vents d'Ouest venant de la mer et des vents d'Est provenant des terres. Cette lutte entre les vents se produirait très haut au-dessus de la ville, ce qui expliquerait à la fois et l'accalmie qui forme un des caractères principaux de la climatologie paloise et la ventilation admirable de la ville de Pau.

Beaucoup plus rationnelle et infiniment plus séduisante est l'explication donnée par un savant palois, le regretté Mendez.

Cet auteur croit que le frottement opposé par la résistance du sol à la tranche d'air qui est en contact avec lui diminue sa vitesse à la manière d'un frein ; la zone ralentie devient une cause d'enrayage pour la région immédiatement supérieure, mais l'influence exercée est moindre. Cette action retardatrice agit de proche en proche dans la masse entière du courant, de plus en plus faiblement avec l'altitude.

L'action retardatrice du sol est plus ou moins forte suivant que les obstacles qu'il présente se relèvent plus ou moins normalement contre la direction du vent.

Le vent est d'autant plus ralenti qu'il a un talus plus raide à gravir. Des routes obliques plus faciles peuvent se présenter ; il les suit et change de direction. Le front de ce courant, enrayé ou arrêté dans sa marche, devient lui-même un obstacle pour la tranche qui le suit immédiatement ; celle-ci réagit à son tour sur celle qui vient après, et ainsi de suite.

Au contraire, un vent trouvant au-dessous de lui un plan incliné sur l'horizon se comporte comme un cours d'eau, y compris ses rapides et ses cataractes.

De même qu'à la montée d'un talus, le vent peut suivre ici des routes obliques, les lignes de plus grande inclinaison qui sont celles des résistances minima.

Ceci posé, souvenons-nous de la situation topographique de Pau et du plan à double pente que présente le relief du trapèze au centre duquel cette ville est située.

Le vent Nord-Ouest a la pente la plus raide, il suit à peu près une ligne allant de Bayonne au Pic-du-Midi de Bigorre.

Le vent d'Ouest, moins énergique d'ailleurs par lui-même, est ralenti par son ascension de Saint-Jean-de-Luz à Lannemezan.

Le vent du Sud-Ouest est peu ralenti par la faible pente qui va de Hendaye au Nord-Est du département, aussi est-ce à lui que l'on doit de voir à Pau quelquefois des cheminées décoiffées et de rares ardoises détachées des toits ; là d'ailleurs s'arrêtent ses dégâts.

Le vent du Nord règne quelquefois à Pau, mais il est toujours très faible. Il doit franchir les vallées de la France occidentale, disposées transversalement ou à peu près de l'Est à l'Ouest. De plus, le relief énorme des Pyrénées et des coteaux le ralentit beaucoup. Nous sommes loin du vent du Nord accéléré par la descente vers la mer qui constitue le mistral des autres régions méridionales moins favorisées que Pau sous le rapport du calme atmosphérique.

Le vent du Sud, le siroco, a une vitesse modérée. Dévalant des Pyrénées, il semblerait devoir être très énergique, mais la distance qui sépare Pau de la chaîne n'est pas assez grande pour qu'il ait le temps de se lancer, et de plus les vallées des Pyrénées au Sud et dans le voisinage de Pau, d'abord dirigées du Sud au Nord pendant 25 à 30 kilomètres, tournent brusquement pour se diriger ver l'Ouest et l'Ouest-Nord-Ouest, formant une surface raboteuse sur laquelle le vent du Sud use son impulsion.

Le vent du Sud-Ouest parvient souvent à Pau, mais très atténué ; il souffle surtout en automne.

Les vents d'Est n'existent jamais à Pau qu'à l'état de faibles brises durant peu. Bien qu'accélérée par la disposition du sol, leur allure n'est jamais importune. Ils constituent la brise qui souffle l'été vers 8 heures à 10 heures du soir et une partie de la nuit, brise qui évite à Pau les soirées et les nuits étouffantes.

En résumé, nous conclurons avec Mendez et tous les auteurs qui se sont occupés de cette question que les courants aériens sont si peu accentués et de si courte durée à Pau que l'impression laissée par eux est qu'ils n'existent pas ou tout comme ; seuls les vents de tempête venant de l'Ouest ont quelquefois de l'allure, mais ils ne sont jamais bien redoutables.

En réalité, tous les vents passent au-dessus de la ville et avec une grande violence, mais à 2 000 mètres d'altitude ou même davantage ; Pau est donc au milieu d'une salle close admirablement ventilée, mais tout à fait exempte de courants d'air fâcheux.

C'est certainement à cette absence de vent que le climat de Pau doit d'être essentiellement sédatif. En effet, dit Taylor, « la machine humaine semble, en santé comme en maladie, partager le calme qui règne dans la nature » et de Valcourt ajoute : « Le résultat du calme de l'atmosphère est très important, il explique la salutaire influence que le climat de Pau exerce sur certains malades. »

TEMPÉRATURE

On a dit qu'une des principales qualités des stations pour malades consistait dans la stabilité thermique. Nous ferons remarquer que l'idéal de cette stabilité n'est guère réalisé qu'au voisinage du pôle et de l'équateur. Ce n'est pourtant pas là qu'on enverra les tuberculeux pour les guérir.

Sans doute, moins il y aura d'écarts dans la température d'une station et plus elle aura de chance de convenir aux malades délicats ; encore ne faut-il pas pousser trop loin les exigences sous ce rapport-là.

Sans doute, il peut paraître dangereux d'exposer au froid rigoureux des glaciers, le soir ou pendant la nuit, les malades qui dans des sanatoria de haute altitude ont subi pendant les journées ensoleillées d'hiver la chaleur brûlante du soleil, mais quelle importance peut-il y avoir à ce que une fois le malade rentré dans son appartement il y ait à l'extérieur quelques degrés de moins que pendant la journée, pourvu que cet abaissement de la température ne nuise en rien à l'aération nocturne ?

Ce qui est redoutable, c'est la trop grande différence pendant le jour entre l'appartement du malade et l'air extérieur. Or, à Pau, cette différence n'est jamais bien grande, et, pourvu que toutes les précautions soient bien prises, la fenêtre du malade peut sans inconvénient rester ouverte toute la nuit.

D'ailleurs les variations de température, quoi qu'on en ait dit, sont peu considérables à Pau, surtout pendant la journée médicale.

Le Dr Verdenal, qui les a étudiées, a donné un moyen simple et pratique d'établir ce qu'il appelle « le coefficient de variabilité de la température ». — Comme il y aurait intérêt à établir ce coefficient, non seulement pour Pau, mais pour d'autres stations et que la recherche de ce coefficient serait très certainement favorable à Pau, nous croyons utile de donner ici le principe de la méthode de M. Verdenal.

« En construisant les courbes des températures que l'on a
« observées pendant un certain temps, écrit cet auteur, on obtient
« des lignes plus ou moins accidentées, car ces températures n'ont
« pas toujours été les mêmes ; tel est le fait habituel. Mais, théo-
« riquement, je puis envisager l'hypothèse d'une température
« constante ; dans ce cas, la courbe correspondante serait une
« droite parallèle à la ligne horizontale des abscisses, et elle aurait
« la même longueur qu'elle, cette longueur étant fonction du temps
« pendant lequel auraient été faites les constatations. En réalité, la
« température n'est jamais constante, elle est plus ou moins variable,
« et, les ordonnées s'éloignant plus ou moins de la ligne des abscis-
« ses, la courbe résultante se trouve être plus ou moins accidentée.
« Cette ligne brisée est plus longue que la ligne droite des tempéra-
« tures constantes ; sa longueur qui est déterminée par les écarts
« des ordonnées successives, les unes par rapport aux autres, est
« bien évidemment proportionnelle à ces écarts eux-mêmes et par
« conséquent à la variabilité de la température dont ils sont
« l'expression. Ainsi, en comparant ces deux lignes entre elles, on

« comparera du même coup les deux séries thermiques qu'elles
« représentent. Si on prend pour unité la ligne des températures
« constantes, avec 1 pour coefficient, on obtiendra le coefficient de
« variabilité cherché en calculant le rapport entre la longueur de
« la courbe correspondante et celle qui a été adoptée pour unité.
« Pratiquement, le procédé que je propose se réduit à : 1° la men-
« suration de la courbe des températures ; 2° la division de la lon-
« gueur ainsi obtenue par celle de la ligne correspondante des
« abscisses. Le quotient sera le coefficient demandé. »

Par ce procédé, le Dr Verdenal a pu établir scientifiquement,
pendant deux mois seulement il est vrai, le faible coefficient de
variabilité de la température à Pau pendant la journée médicale.

Bien que le soleil de Pau, lorsqu'il brille, rende la température
des journées d'hiver aussi douce que celle du printemps, il est
incontestable que la température moyenne à Pau en hiver est infé-
rieure de 1 ou 2 degrés à celle des stations de la Méditerranée. De
plus, si la température reste à peu près constante dans une même
journée, on ne peut nier qu'il y ait parfois, d'un jour à l'autre, des
variations de température, mais l'absence d'agitation de l'atmosphère rend ces variations très peu sensibles ; pour la même raison
on sent relativement peu le froid à Pau, même pendant les hivers
rigoureux.

« Ici, dit le Dr Louis, se présente naturellement cette remarque
« vulgaire que le même degré du thermomètre n'est pas toujours
« accompagné, bien s'en faut, du même sentiment de chaleur ou de
« froid ; que dans une même journée, dans un même lieu, par une
« même température, on peut avoir alternativement froid et chaud,
« suivant qu'il y a du vent, ou qu'il n'y en a pas. D'où la possibi-
« lité d'avoir froid à Rome et chaud à Pau par le même degré du
« thermomètre.»

On a fait observer avec raison que le corps humain ne se comporte pas comme un thermomètre ; il faut tenir compte avec lui de
l'évaporation par la surface de la peau, qui l'a fait comparer par
M. Piche à un alcarazas et de la déperdition de chaleur animale.
Or, il est constant qu'à Pau, grâce à l'absence de vent, l'évaporation à la surface de la peau est moindre qu'à Biarritz par exemple

3

MOYENNES THERMOMÉTRIQUES MENSUELLES DE 1854 à 1863 D'APRÈS LE Dr OTTLEY

DÉDUITES DES MOYENNES DES MAXIMA ET DES MINIMA ET DES MOYENNES A 9 HEURES DU MATIN

ANNÉES	JANVIER	FÉVRIER	MARS	AVRIL	MAI	JUIN	JUILLET	AOUT	SEPTEMBRE	OCTOBRE	NOVEMBRE	DÉCEMBRE
1854	6°7	4°8	9°0	13°4	12°9	15°6	17°9	18°3	18°6	13°5	7°5	6°0
1855	2 4	8 3	8 0	11 4	12 0	15 6	19 0	20 8	17 4	12 8	6 6	4 6
1856	7 4	7 8	10 0	11 8	12 5	17 6	18 4	21 7	16 1	13 7	7 3	6 5
1857	3 9	5 6	8 8	9 9	13 5	17 6	17 9	19 6	19 0	13 7	10 2	5 4
1858	1 4	7 6	9 0	13 8	13 2	20 2	?	17 2	19 2	13 6	8 2	7 0
1859	4 0	6 7	9 5	13 8	13 3	16 9	23 4	22 8	17 5	15 0	8 6	4 4
1860	8 0	2 4	7 1	9 0	15 6	16 0	17 6	16 7	14 6	13 2	9 6	7 2
1861	4 6	7 3	9 2	12 8	15 0	17 8	?	?	?	15 5	8 6	7 2
1862	6 0	6 9	11 1	13 9	15 3	16 8	?	?	?	?	6 7	6 6
1863	5 5	6 0	8 0	12 7	13 4	16 7	21 8	20 0	16 1	13 3	?	?
MOYENNE DE 10 ANS . .	4°99	6°34	8°97	12°19	13°67	17°08	19°43	19°64	17°31	13°81	8°14	6°10

| 18 |

MOYENNES THERMOMÉTRIQUES MENSUELLES DE 1861 à 1872, D'APRÈS GUILLEMIN

OBSERVATIONS PRISES A LA FERME-ÉCOLE DE GAN

ANNÉES	JANVIER	FÉVRIER	MARS	AVRIL	MAI	JUIN	JUILLET	AOUT	SEPTEMBRE	OCTOBRE	NOVEMBRE	DÉCEMBRE
1861	5°25	7°70	9°30	13°75	16°55	19°15	20°40	23°10	18°95	17°40	9°30	6°55
1862	6 05	7 20	11 15	14 80	17 50	13 05	21 60	18 55	17 30	14 80	6 65	6 15
1863	5 85	5 85	8 35	13 20	14 60	13 40	22 45	22 40	16 50	14 15	8 15	5 55
1864	4 70	4 85	10 40	13 80	19 05	13 40	21 95	22 65	18 15	13 80	10 65	4 90
1865	7 40	6 45	5 90	15 35	19 20	19 70	21 35	20 75	22 55	15 80	10 25	4 75
1866	7 05	8 50	8 85	14 10	15 65	19 05	20 55	19 50	17 20	15 10	9 35	7 30
1867	7 15	9 40	9 10	13 15	17 15	18 60	19 85	20 95	17 50	12 25	7 40	3 70
1868	3 95	6 65	8 0	10 70	18 75	20 81	23 20	20 85	20 50	13 65	8 85	12 10
1869	8 60	9 35	6 0	14 45	17 60	20 10	24 10	21 40	19 25	13 80	8 40	4 85
1870	4 35	6 25	8 0	12 35	17 10	20 40	23 15	20 25	20 15	15 55	8 30	2 55
1871	1 95	8 75	10 25	15 05	17 05	15 20	20 25	21 15	19 30	14 05	7 05	4 25
1872	6 70	9 60	10 55	11 45	12 50	17 90	20 95	20 0	18 35	11 55	8 0	7 44
MOYENNE	4°79	7°54	8°73	13°52	16°89	18°79	21°70	20°96	18°83	13°90	8°54	5°84

TEMPÉRATURE MOYENNE DIURNE, D'APRÈS OTTLEY

DÉDUITE DES OBSERVATIONS DE 9 HEURES DU MATIN ET DE 2 HEURES DU SOIR, PENDANT LES NEUF MOIS DE LA SAISON D'HIVER

ANNÉES	OCTOBRE	NOVEMBRE	DÉCEMBRE	JANVIER	FÉVRIER	MARS	AVRIL	MAI	JUIN
1854.	15°6	9°2	6°9	8°2	6°3	12°7	16°6	16 0	17°8
1855.	14 6	8 7	5 7	3 8	9 7	10 2	14 5	15 0	19 1
1856.	16 2	8 6	7 4	8 7	9 1	12 4	14 7	15 1	21 2
1857.	15 7	11 9	6 8	4 9	7 5	11 1	12 4	16 8	21 3
1858	16 0	10 3	8 2	3 2	9 5	11 1	16 9	16 7	23 9
1859.	17 5	10 7	5 6	5 3	8 6	11 8	16 2	15 8	20 5
1860.	15 4	10 7	8 4	9 2	3 6	9 1	11 3	19 0	19 4
1861.	18 5	10 5	8 3	6 1	9 1	11 4	15 7	18 0	21 7
1862.	?	8 9	7 3	7 8	8 7	13 6	17 3	18 6	20 1
1863.	15 5	?	?	7 6	7 7	10 1	15 8	16 2	19 8
Maximum..	18°5	11°9	8°4	9°2	9°7	13°6	17°3	19°0	23°9
Minimum..	14 6	8 6	5 6	3 2	3 6	9 1	11 3	15 0	17 8
MOYENNE DE 10 ANS.	16 11	9 94	7 18	6 48	7 98	11 35	15 14	16 72	»

où la température est plus élevée de 3 à 4 degrés Un vase rempli d'un liquide dans lequel plonge un thermomètre et entouré d'un linge mouillé puis suspendu à l'air accuse un abaissement plus grand du thermomètre à Biarritz qu'à Pau, même si la température au moment de l'expérience est plus élevée dans la première station.

C'est surtout la température moyenne hivernale qui doit nous intéresser au point de vue de la climatologie paloise. La température moyenne pendant l'hiver oscille entre 6°,3 et 8°,3 de novembre à février, pour la journée médicale, restant le plus souvent entre 7° et 8 degrés centigrades.

Cependant il gèle quelquefois à Pau, surtout pendant la nuit. D'après le Dr Ottley, à qui nous devons les premières observations vraiment importantes et scientifiques sur le climat de Pau, la température descend annuellement au-dessous de 0°, les calculs portant sur une période de 10 années, un nombre de jours dont la moyenne correspond : pour novembre à 2,44

pour décembre à 6,55

pour janvier   à 9,28

pour février   à 5,3

pour mars   à 1,0

pour avril   à 0,1.

Mais, comme le fait remarquer le comte Henri Russel, le froid, quand il existe à Pau, est toujours facile à endurer ; il n'est ni cru, ni mordant, et l'absence de vent le rend moins rude qu'une plus basse température en d'autres endroits.

Nous devons noter ici, quitte à y revenir après avoir parlé de la pluie et de l'humidité, que l'absence d'humidité libre contribue à amoindrir les écarts de la température. Enfin, nous pouvons signaler cette règle posée par Taylor et que les nombreuses années écoulées depuis lui n'ont fait que confirmer, que lorsque le temps est plus rigoureux à Pau que d'ordinaire, on apprend bientôt par la voie des journaux qu'ailleurs et même sous des latitudes plus méridionales que celle de Pau, les froids ont été plus intenses et plus longs. Mais, tandis que cela est invariablement vrai, il ne faut pas croire que toutes les fois que le temps est mauvais dans d'autres lieux un dérangement correspondant se fasse sentir à Pau. — En

3.

somme l'hiver à Pau, toujours très court, est toujours relativement doux. A l'appui de ce dire nous apportons les tableaux des températures moyennes observées à Pau. Le premier est le relevé des moyennes thermométriques mensuelles de 1854 à 1863 — elles sont extraites des tableaux publiés par M. Piche d'après les observations d'Ottley ; il en est de même du troisième tableau qui renferme le relevé des températures moyennes diurnes déduites des observations de 9 heures du matin et de 2 heures du soir pendant les neuf mois de la saison d'hiver. Le deuxième tableau est le résumé des moyennes thermométriques mensuelles relevées de 1861 à 1872 par M. Guillemin à l'ancienne ferme-école de Gan, à 9 kilomètres de Pau. Enfin le quatrième tableau que nous publions ci-après a été établi par nous d'après les graphiques mis à notre disposition par M. le Dr Crouzet, directeur du sanatorium de Trespoëy, graphiques qui vont de janvier 1898 à fin mai 1901. On peut rapprocher de ce tableau le tableau suivant relevé par Weil, opticien, d'après de Valcourt d'octobre 1862 à octobre 1864.

	9 HEURES	MIDI	3 HEURES	MAXIMA	MINIMA
Janvier..	3°12	7°34	8°60	15°	7°4
Février..	6 04	9	9 73	16 20	4 2
Mars.	8 31	11 26	12 69	21 10	2 4
Avril.	12 25	16 51	17 2	24 40	6
Mai..	16 51	19 25	19 45	27 10	7 40
Octobre	12 33	17 06	17	25 60	7
Novembre.. . . .	6 02	6 67	8 23	16 20	2 20
Décembre.. . . .	4 78	8 44	8 67	19	0 20

Le printemps est en général moins dangereux à Pau qu'ailleurs, bien que les pluies y soient assez fréquentes ; la température vernale moyenne est de 23°. — Pendant l'été il y a des séries de jours extrêmement accablants et des orages fréquents, mais les soirées sont fraîches et agréables ; la température estivale moyenne est de 23°. — L'automne est une belle saison pour Pau ; la température moyenne est de 14°. La végétation persiste très longtemps et en général la température reste encore extrêmement douce alors que de tous côtés on annonce l'hiver et le froid.

TEMPÉRATURES MOYENNES DES QUATRE DERNIÈRES ANNÉES

RELEVÉES D'APRÈS LES OBSERVATIONS DU THERMOMÈTRE ENREGISTREUR DU SANATORIUM DE TRESPOËY

ANNÉES	OCTOBRE			NOVEMBRE			DÉCEMBRE			JANVIER			FÉVRIER			MARS			AVRIL			MAI		
	MINIMA	MAXIMA	MOYENNE à midi	MINIMA	MAXIMA	MOYENNE à midi	MINIMA	MAXIMA	MOYENNE à midi	MINIMA	MAXIMA	MOYENNE à midi	MINIMA	MAXIMA	MOYENNE à midi	MINIMA	MAXIMA	MOYENNE à midi	MINIMA	MAXIMA	MOYENNE à midi	MINIMA	MAXIMA	MOYENNE à midi
1897-1898	»	»	»	»	»	»	»	»	»	-0°5	14°5	7°35	4°35	14°75	10°15	2°75	15°75	9°37	9°9	22°	15°36	9°87	23°75	15°7
1898-1899	10°83	24°33	17°6	8°75	18°	13°17	4°2	14°86	10°52	3 12	16 12	10 65	8 7	21	15 15	5 25	19 62	12 7	8 78	22 8	15 74	10 83	27 83	19 5
1899-1900	13	27	21 6	7 5	21 5	19 37	0 6	13 6	9 40	3	13 25	8 6	4 32	19 45	11 1	5 7	16 80	8 78	6 75	23 4	14 92	11 66	24 8	17 14
1900-1901	10 62	24 37	17 77	5 35	16 7	11 34	1 83	15 43	9 4	0 75	18 07	8 55	-2 12	9 15	4 02	4 18	17 88	8 98	8 87	25 65	16 9	10 2	20 5	15 66
Maximum	13°	27°	21°6	8°75	21°5	19°37	4°2	15°43	10°52	3°12	18°07	10°65	8°7	21°	15°15	5°25	19°62	12°7	9°9	25°65	16°9	11°66	27°83	19°5
Minimum	10 62	24 33	17 6	5 35	16 7	11 34	0 6	13 6	9 4	-0 5	13 25	7 35	-2 12	9 15	4 02	2 75	15 75	8 78	6 75	22	14 92	9 87	20 5	15 7
Moyenne de 4 ans	11 48	25 23	18 99	7 2	18 73	14 62	2 21	14 63	9 79	1 59	15 48	8 78	3 78	16 08	10 10	4 47	17 51	9 95	8 57	23 46	15 73	10 64	24 22	17 00

Les maxima et minima portent sur la journée médicale allant de 10 heures du matin à 4 heures du soir. — Il est à remarquer que la température de midi n'est pas la plus chaude de la journée, mais représente bien une moyenne.

PLUIES. — BROUILLARDS. — HUMIDITÉ. — NÉBULOSITÉ. LUMINOSITÉ.

Taylor écrivait en parlant du climat de Pau : « Quoiqu'il tombe « à Pau une plus grande quantité d'eau que dans d'autres locali- « tés, en revanche le nombre des jours de pluie y est bien moindre « que dans beaucoup d'autres endroits. »

Cette appréciation du médecin anglais est extrêmement exacte. Il est certain qu'il pleut à Pau relativement beaucoup, surtout lors- que le vent d'Ouest souffle au-dessus de la ville.

Le nombre des jours de pluie s'élève en moyenne à 140 par an ou à 11,66 par mois ; la hauteur moyenne de la pluie en milli- mètres est de 1179,16. Pourtant la pluie n'a jamais une action défa- vorable sur le climat. D'abord elle n'est presque jamais froide, ensuite elle est souvent nocturne, tombant en une seule fois et en grande abondance avant et après le coucher du soleil. Il n'est pas rare de voir apparaître peu après la fin de la pluie, le soleil dont les rayons brillants et chauds sèchent rapidement la terre. Un des caractères les plus remarquables du climat est précisément la rapi- dité avec laquelle le sol redevient sec dès que la pluie a cessé. Jamais on ne constate à Pau comme dans d'autres villes que les pavés restent longtemps glissants et humides après les longues périodes de pluie ; jamais non plus ce phénomène ne se produit après la chute du jour dans les journées sèches, comme cela se pro- duit à Paris notamment, presque continuellement pendant tout l'hiver. Il est à remarquer que ce rapide assèchement du sol est dû exclusivement à la nature du terrain et nullement au vent qui existe rarement. Cette absence de vent a encore pour conséquence que les pluies sont moins pénétrantes et moins froides et que leur évaporation n'abaisse pas notablement la température.

Il est bien rare que la pluie empêche le malade de sortir pendant toute une journée ; comme le constate Duboué, la plupart des malades, surtout s'ils n'ont pas dépassé la période congestive, peuvent sortir impunément par tous les temps sans en être sérieu- sement incommodés et le même auteur ajoute : — « l'influence que

« ces pluies prolongées exercent sur les affections pulmonaires, est
« loin d'être celle que l'on pourrait supposer *a priori*. — Loin
« d'exciter la toux, ce temps pluvieux semble produire une détente
« salutaire et amène une sorte de sédation dont beaucoup de
« malades paraissent étonnés. A quoi tient cette particularité ? je
« l'ignore. Toujours est-il que le fait existe et se trouve journelle-
ment confirmé par l'observation. »

Lahillonne, après avoir constaté l'amélioration amenée chez certains malades par la pluie, ajoute : « une période pluvieuse avec
« pressions élevées, sans secousses notables de la pression,
« avec température soutenue et à oscillations régulières, exerce
« une action plus favorable sur les tuberculeux en s'opposant au
« développement du catarrhe, qu'une période sèche à températures
« variables dans la journée et fort belle en apparence.»

La moyenne des jours de neige par an est de 6, 5, celle des jours
de grêle de 5, 8, d'après les observations des demoiselles York,
qui portent sur une période de 30 années.

La neige d'ailleurs fond vite et ne laisse pas d'humidité.

Tous les auteurs constatent que les brouillards sont rares à Pau ;
il n'y a rien d'étonnant à cela, puisque le sol, perméable comme
nous l'avons vu, absorbe toute l'eau qu'il reçoit.

Comme effet tangible de l'absence d'humidité libre dans l'atmosphère de Pau, nous devons constater avec Taylor que jamais l'atmosphère à Pau ne communique au corps la sensation d'humidité
glacée, que jamais l'humidité n'annonce sa présence en faisant
éprouver au corps une sensation déterminée. C'est que l'atmosphère de Pau ne renferme presque jamais d'humidité libre.

Jamais, les maisons non habitées, les rampes d'escaliers, les
tapisseries, ne deviennent humides, et on ne trouve pas de traces
de moisissures sur les murs, même après des pluies abondantes et
prolongées. Enfin le frottement des allumettes y rend toujours le
phosphore incandescent, ce qui est loin d'arriver toujours dans les
pays humides. (Duboué.)

Cette absence d'humidité libre dans l'atmosphère constatée par
tous les auteurs, combinée avec la présence d'une certaine humidité
latente, convient admirablement aux malades, qui ne trouvent ici,

ni l'air trop sec qui provoque la toux, ni l'air trop humide des pays où ils ont pour la plupart contracté leurs maladies.

En revanche, l'action bienfaisante du climat de Pau sur les malades n'est pas du tout proportionnée à la luminosité, et nous dirons volontiers, avec Duboué, qu'un temps sombre couvert de nuages convient infiniment mieux à nos phtisiques qu'un soleil éclatant et que les splendides journées que nous avons ici et qui font l'admiration des étrangers ne sont favorables qu'à la condition d'être entremêlées de journées et de temps couverts.

Je ne redoute rien tant, pour ma part, pour mes tuberculeux que le beau froid sec qui égaye leur moral, mais aggrave leur maladie.

Le ciel de Pau, d'ailleurs, quoi qu'en dise la chanson béarnaise, n'est pas toujours beau, il est fréquemment couvert ; il y a cependant en plein hiver de très nombreuses journées pendant lesquelles le temps est radieux.

La lumière solaire à Pau n'est peut-être pas aussi continuellement brillante, heureusement pour le malade, que sur la côte d'azur. Cependant la luminosité est relativement belle à Pau et il n'est pas rare de voir le ciel bleu pendant toute la durée des mois de janvier et février. Le soleil, quand il brille, est toujours chaud, d'où la nécessité de prendre des précautions quand il disparaît. Duboué, dans une série d'observations portant sur une année entière, accuse un total de 212 journées ensoleillées.

Notons que si les montagnes protègent la ville contre les vents, elles sont trop éloignées pour arrêter en quoi que ce soit les rayons du soleil.

PRESSION BAROMÉTRIQUE

La pression barométrique est assez élevée à Pau. On y observe des anomalies dans le baromètre qui monte souvent à l'approche du temps humide et baisse lorsqu'arrive le temps sec (Taylor). Les variations barométriques sont assez élevées.

Nous devons enfin signaler la présence d'ozone, en quantité assez notable dans l'air de Pau et la pureté de cet air que ne souillent ni les poussières soulevées par le vent qui est rare, ni les brouillards qui sont à peu près nuls.

CHAPITRE IV

INFLUENCE DU CLIMAT SUR L'HOMME SAIN ET SUR LE MALADE

Pour nous faire une idée exacte de la valeur réelle du climat de Pau il est bon de rechercher successivement les effets qu'il produit sur l'homme sain et sur le malade.

Influence du climat sur l'homme sain.

Les effets sur l'homme sain ne sont pas tout à fait les mêmes suivant qu'il s'agit de l'habitant de Pau ou de l'étranger.

« Le Béarnais, remarque très justement Musgrave Clay, est lent,
« légèrement flegmatique et passablement indolent, sans être
« paresseux ; il ne hait pas de travailler, mais il lui en coûte de se
« mettre au travail ; il est mou comme son climat ; il est calme ;
« ni sa gaieté ni sa colère ne sont bruyantes ; il est sans grand
« entrain pour les exercices du corps, mais le cas échéant il offre
« à la fatigue une longue et réelle résistance ; il est de mœurs
« douces, et difficile à passionner, aussi les crimes contre les per-
« sonnes sont-ils rares en Béarn, il est facile à gouverner et les
« agitations de la politique l'émeuvent modérément. Il vit long-
« temps parce que la modicité des stimulations externes et des
« réactions intérieures économise ses organes. Il est sobre, parce
« que, grâce à la lenteur de ses échanges nutritifs et de l'élimina-
« tion qui leur succède, l'alcool le conduirait vite à l'ivresse qu'il
« méprise. »

La preuve que ce caractère est bien dû au climat est fournie par l'observation du Béarnais transplanté, observation d'autant plus facile qu'il quitte volontiers son pays.

Il reste relativement calme et n'a pas l'exubérance des autres méridionaux, mais il réussit presque toujours et brille souvent.

Sans remonter jusqu'à Henri IV, nous avons des preuves nombreuses de ce qu'il peut donner en considérant toutes les illustrations parisiennes dans les diverses branches de l'activité humaine : médecine, science, art, etc., etc., qui sont originaires du Béarn et de Pau. C'est que, loin de son pays, le Palois retrouve son activité, il cesse d'être mou et indolent ; en revanche il conserve son intelligence et sa sobriété ; toute médaille à son revers, il a été constaté qu'il vit alors moins longtemps qu'en Béarn.

L'étranger subit l'impression du climat de Pau à son arrivée d'une manière *plus aiguë* (M. Clay). Aussi cette impression est-elle plus vive que pour le Palois.

Il traverse en arrivant une crise quelquefois assez pénible, c'est la période d'acclimatement, période qui d'ailleurs est en général courte. Le Béarnais lui-même la subit, mais moins longtemps encore, lorsqu'il revient en Béarn après une longue absence.

Les symptômes qu'il éprouve alors sont une impression de calme si forte qu'elle en devient même parfois pénible. Cette impression s'accompagne souvent d'une légère torpeur et d'un peu de somnolence, aussi a-t-on pu dire que l'air de Pau chloroformise (Garreau).

Le système nerveux est régularisé et calmé, aussi a-t-on pu comparer l'action du climat à celle du bromure ; Garreau va jusqu'à se demander si la douleur est ausssi vivement ressentie à Pau qu'ailleurs et il serait enclin à répondre par la négative. Le pouls se ralentit et devient plus égal et cela d'une manière permanente ; la respiration est plus profonde et plus facile, en même temps qu'un peu moins fréquente ; il est probable que dans ces conditions la température du corps subit un léger abaissement (M. Clay). Bien que les premiers jours l'appétit soit généralement un peu diminué, sauf chez les malades où il n'est pas rare d'observer le contraire, au bout de quelque temps il augmente pour les uns comme pour les autres, c'est ainsi que nous avons toujours constaté une assez grande facilité pour la suralimentation. Les auteurs remarquent cependant, et nous l'avons vérifié nous-même, que l'activité stomacale est plutôt diminuée, il existe en même temps une légère atonie intestinale qui produit souvent une tendance à la constipation. La quantité et la qualité des urines se ressentent de la lenteur des échanges nutritifs et des modifications de la pression sanguine. La diaphorèse n'est pas exagérée.

Enfin, pour compléter ce tableau, nous reproduirons avec Musgrave Clay l'observation de Garreau relative à une question assez délicate à préciser : « Cet amollissement, dit-il, s'étend jusqu'aux « animaux. J'avais en face de mes fenêtres les habitants d'un co- « lombier appartenant à l'hôtel voisin ; les oiseaux de la déesse « sont pourtant bien renommés pour leur tendresse, mais à Pau ils « font mentir la mythologie. »

On le voit, le climat de Pau est essentiellement *sédatif*. Certains auteurs ont été jusqu'à lui en faire un crime et l'ont accusé d'être débilitant. Duboué, au contraire, après avoir montré que ce même climat est surtout sédatif, reconnaît qu'il peut être *excitant* pour un certain nombre de personnes bien portantes qui sortent à toute heure de la journée et par tous le temps, alors que les malades ne sortent qu'à certaines heures et ne jouissent que de l'influence sédative du climat.

Outre cette action excitante que l'on peut discuter, le climat de Pau possède une action tonique indiscutable. Après avoir constaté l'effet sédatif du climat sur l'organisme, Schaër ajoute : « Comme « on peut y acquérir un accroissement de forces, je crois aussi « qu'en vertu de sa situation particulière et de certains éléments « qu'elle communique à son atmosphère, cette ville possède en « même temps des qualités propres qui peuvent contribuer à *for-* « *tifier* et à *guérir* les organes maladifs ; je considérerai donc le « climat de Pau comme calmant et fortifiant l'organisme. » Duboué attribue au climat palois une valeur *tonique* absolue. Il se base sur le ralentissement du pouls pour conclure à une augmentation de tension artérielle (loi de Marey) et de l'augmentation de tension, il conclut à une augmentation de tonicité. Pour nous, nous croyons plus logique et plus exact d'attribuer avec M. Clay à une action indirecte la valeur tonique du climat de Pau. Ce climat serait tonique en ramenant l'organisme à l'état physiologique à la façon d'un agent régulateur. Comme conséquence immédiate, il va de soi que cette action tonique doit être plus considérable sur l'homme malade que sur l'homme sain et il en est ainsi en réalité.

INFLUENCE DU CLIMAT SUR LES MALADIES QUE L'ON RENCONTRE A PAU

Il nous reste à examiner maintenant, pour avoir une vue d'ensemble complète de la climatologie paloise, quelles sont les diverses maladies que l'on observe à Pau et quelles sont les particularités qu'elles y présentent.

Nous nous aiderons pour cela des données fournies par le « compte rendu moral et administratif pour l'année 1894 » de M. le Dr Barthé, directeur du Bureau municipal d'hygiène à Pau. La monographie du Dr Duboué nous donnera aussi d'intéressants renseignements.

Dans l'ouvrage du Dr Barthé, nous trouvons des conclusions intéressantes, à savoir que l'état sanitaire de la ville de Pau est en voie d'amélioration continue depuis 1855.

Non seulement la mortalité diminue progressivement, mais encore les décès se produisent chez des gens de plus en plus âgés. La ville de Pau occupe par son état sanitaire un excellent rang parmi les villes de France de population numériquement équivalente ; l'on meurt moins à Pau que dans la moyenne des villes de France et l'on y meurt plus vieux.

Nous avons vu que les fièvres paludéennes dont l'existence a été autrefois constatée par les uns et contestée par les autres, n'existent plus depuis que la ville est puissamment drainée par son réseau d'égouts et que la campagne est défrichée, cultivée et drainée au loin sur le plateau qui prolonge la ville.

D'une manière générale les épidémies sont rares à Pau. Il faut signaler pourtant de loin en loin quelques cas isolés de fièvre typhoïde d'importation étrangère en septembre au retour des villes d'eau.

On est bien armé pour la combattre, grâce au très complet et remarquable réseau d'égouts que possède la ville et à la surveillance des eaux d'alimentation.

La variole est extrêmement rare à Pau et l'installation, parfaite au point de vue hygiénique, de l'hôpital d'isolement permet de l'étouffer sur place lorsqu'un cas d'importation étrangère se déclare.

Duboué signale le peu de réaction générale pendant l'évolution de la pustule vaccinale à Pau.

La varicelle est assez fréquente, mais toujours bénigne.

Il en est généralement de même de la rougeole. Quant à la scarlatine elle est rare et presque toujours exempte de complications graves.

Duboué signale encore la bénignité de l'érysipèle et la rareté de l'infection purulente et des fièvres puerpérales. Ces deux dernières affections, d'ailleurs, ont à peu près disparu depuis que les idées d'antisepsie et d'asepsie pénètrent dans les masses grâce aux efforts combinés du corps médical et de la municipalité.

Le rhumatisme articulaire aigu est assez peu fréquent à Pau ; il n'en est pas de même du rhumatisme chronique ; encore faut-il se mettre en garde contre cette tendance populaire qui donne le nom de rhumatisme à toutes sortes d'affections douloureuses qui n'ont rien de commun avec cette diathèse.

Les gastro-entérites de l'enfance ont beaucoup diminué à Pau depuis quelques années. Duboué signale comme affection des voies digestives une sorte d'atonie allant parfois jusqu'à la dyspepsie. Nous en avons rencontré assez fréquemment à Pau sous la forme d'hyposténie gastrique.

La diphtérie est assez rare à Pau ; comme partout la statistique de la mortalité s'est considérablement améliorée depuis l'application du sérum ; la création du laboratoire de bactériologie de l'hôpital en permettant la recherche immédiate du bacille de Lœfler a puissamment contribué à cet heureux résultat.

La bronchite aiguë simple s'accompagne rarement de sécrétions abondantes. Pour Duboué elle serait toujours bénigne à Pau.

La bronchite chronique et l'emphysème sont assez fréquents, mais il faut tenir compte ici de l'apport fourni par l'étranger et par les nombreux retraités qui viennent finir leur vie à Pau.

La pneumonie et les pleurésies sont plus fréquentes chez les indigènes, qui prennent rarement des précautions quand ils passent du soleil à l'ombre, que chez les étrangers malades qui savent se servir de leurs ombrelles et de leurs pardessus.

Ces diverses affections bénéficient de la bénignité relative déjà signalée pour d'autres maladies.

Comme partout ailleurs la tuberculose pulmonaire a augmenté parmi les indigènes depuis quelques années. Le plus grand nombre de cas s'observe chez les sujets ayant quitté Pau pendant un temps plus ou moins long.

Le gros appoint est fourni par les étrangers qui viennent soigner leur tuberculose dans cette ville. Nous verrons combien sagement et méthodiquement la lutte est organisée pour combattre la propagation de ce fléau.

Cette énumération des diverses maladies observées à Pau avec la description des particularités qu'elles présentent nous a semblé utile pour donner une vue d'ensemble complète de la climatologie paloise. Nous rechercherons maintenant quelles sont les maladies que l'on vient soigner à Pau, ou plutôt quelles sont les modifications que subissent ces maladies sous l'influence du climat.

CHAPITRE V

Dans une communication qui a eu un retentissement considérable, M. le Dr Albert Robin établissait devant l'Académie de médecine, le 19 mars 1901 « les conditions et le diagnostic du terrain de la tuberculose pulmonaire ».

Dans son travail, fruit de recherches patientes et d'études consciencieuses de plusieurs années, en collaboration avec M. Binet, M. Albert Robin établit que :

1° La ventilation pulmonaire des tuberculeux croît de 110 pour 100 chez la femme, de 80,5 pour 100 chez l'homme. L'acide carbonique exhalé par minute et par kilogramme de poids s'accroît de 86 pour 100 chez la femme et de 64 pour 100 chez l'homme.

L'oxygène total consommé s'accroît de 100,5 chez la femme, de 70 pour 100 chez l'homme.

L'oxygène qui ne sert pas à faire de l'acide carbonique et qui est cependant absorbé par les tissus s'accroît de 162,8 pour 100 chez la femme et de 94,8 pour 100 chez l'homme.

2° Cette caractéristique des échanges existe aussi dans les formes aiguës de la phtisie.

3° Dans la phtisie pulmonaire chronique à évolution fibreuse, il y a généralement une légère atténuation dans l'excès des échanges gazeux.

4° L'exagération des échanges gazeux existe à toutes les périodes de la phtisie ; jusqu'aux dernières limites de la vie.

5° Le chimisme respiratoire évolue suivant les progrès ou l'amélioration de la maladie.

M. Albert Robin conclut d'une manière formelle que les échanges respiratoires sont considérablement accrus dans 92 pour 100 des cas de phtisie pulmonaire, quelles qu'en soient la période et la forme, d'où l'utilité diagnostique de la méthode, utilité d'autant plus grande que dans les cas d'hésitation entre la phtisie pulmonaire et une autre maladie, l'examen du chimisme respiratoire résoudra d'une manière précoce et immédiatement le diagnostic.

Cette méthode permet en outre de reconnaître parmi les descendants de tuberculeux ceux sur lesquels doit porter plus particulièrement le traitement préventif. L'étude de la déminéralisation organique complétera les enseignements de cette première série de recherches, et dès à présent, on est ramené à cette vieille conception hippocratique : « la phtisie est une consomption », d'où la nécessité de modifier le terrain et de réagir contre la consomption.

Il serait intéressant de connaître les modifications que peut subir le chimisme respiratoire à différentes altitudes et sous diverses latitudes. Des recherches se poursuivent dans ce sens, mais dès à présent, on peut prévoir qu'un climat qui facilitera les échanges respiratoires, qui combattra les phénomènes d'épuisement qui facilitent la consomption et qui sera par surcroît tonique ne peut qu'être extrêmement utile dans le traitement de la tuberculose pulmonaire.

Depuis longtemps d'ailleurs on avait reconnu l'utilité pour le phtisique ou le candidat à la phtisie de puiser dans une atmosphère de choix tout l'oxygène dont ses organes ont incessamment besoin (Duboué); il est démontré par des expériences précises et nombreuses, que l'oxygénation se fait mieux et que les échanges respiratoires sont plus faciles sous des climats de faible altitude et l'on sait que les premiers effets de la cure de haute altitude, au contraire est de diminuer l'oxygénation. Bien que cette insuffisance d'absorption de l'oxygène paraisse compensée au bout d'un certain temps par l'augmentation du nombre des globules sanguins, il n'en est pas moins vrai que cette anoxyémie du début semble, a priori au moins, une contre-indication chez des malades dont les échanges respiratoires augmentés exigeraient au contraire une atmosphère plus riche en oxygène. Le doute est permis désormais sur l'avantage des cures d'altitude jusqu'à ce que de nouvelles expériences aient montré ce que deviennent les échanges respiratoires dans ces conditions. Peut-être que l'hypercythémie qui se produit rapidement change suffisamment les conditions de l'organisme pour modifier le chimisme respiratoire.

Si l'air respiré par le phtisique doit présenter la plus grande richesse possible en oxygène et une pression propre à favoriser les échanges, il faut en outre que cet air offre certaines conditions hygrométriques qui le rende respirable par une personne frêle ou malade. On sait que l'air trop sec provoque la toux et que c'est dans les pays trop humides que la phtisie se développe le plus aisément. Il faut donc une certaine moyenne qui se trouve réalisée à Pau. Nous avons vu en outre que l'air possède toujours une température douce et n'est jamais agité par des courants violents, conditions extrêmement favorables pour les phtisiques. Si nous ajoutons que la température modérée permet, même aux malades les plus timorés, de faire plus que partout ailleurs de la cure d'air d'une manière constante, que leur appétit est facilement excité par les promenades quotidiennes qu'ils peuvent faire pendant toute la durée de l'hiver et qu'enfin la cure de repos peut être poursuivie sans que l'ennui vienne les troubler devant le merveilleux spectacle que leur offrent les Pyrénées, nous aurons exposé toutes les raisons qui peuvent attirer les malades dans notre ville.

Pour le médecin il ne suffit pas de savoir qu'il peut envoyer des tuberculeux à Pau, il lui faut connaître quelles sont les formes de la tuberculose qui peuvent retirer le plus grand bénéfice du climat de cette ville. A vrai dire, à part les modalités vraiment torpides dans lesquelles l'activité fonctionnelle a besoin d'être constamment stimulée, toutes les variétés de tuberculose du poumon se trouvent bien du climat de Pau. En première ligne il faut citer la tuberculose à forme éréthique; plus que tous les autres malades tirent profit du climat de Pau les tuberculeux nerveux à pouls tendu, émotif, fébrile, ceux qui font aisément des poussées de température. On ne tarde pas à voir leur pouls se ralentir, perdre sa dureté, se régulariser et leur courbe thermique se rapprocher de la normale. L'égalité de la température et l'absence de vent seront surtout précieux pour les congestifs ayant souvent des poussées avec hémoptysies, les malades dont la plèvre irritable semble appeler les nouvelles localisations du bacille de Koch. Non seulement ces malades seront à l'abri des influences cosmiques qui pourraient favoriser l'éclosion de nouveaux accidents, mais leur inspiration deviendra plus profonde et plus facile, au bout de quelque temps la tendance congestive s'affaiblira, les hémoptysies si elles existent deviendront plus rares et plus aisées.

Le climat sédatif et égal de Pau n'agit pas seulement sur le système nerveux et sur l'appareil respiratoire, il a une action puissante sur la nutrition en général. Il ralentit très notablement les échanges, les régularise, et par suite permet l'utilisation des matériaux fournis à l'organisme pour sa reconstitution. Dès lors le malade chez lequel la suractivité des combustions empêchait l'accumulation et par suite l'utilisation des éléments fournis par l'épargne organique d'origine intrinsèque ou extrinsèque (M. Clay) verra enfin se réaliser l'idéal qu'il cherche à atteindre : augmenter ses recettes et diminuer ses pertes. Enfin, sous l'influence tonique du climat, les forces augmentent et l'appétit, cette ressource si précieuse chez un tuberculeux, se relève, ajoutant ainsi à leur plus complète utilisation l'augmentation de la quantité des aliments ingérés.

Les malades eux-mêmes se rendent compte bien vite de l'heureuse influence du climat de Pau sur leur tuberculose et leur témoignage prend une grande valeur lorsque l'on songe combien ils doivent souvent être prévenus à l'avance contre un climat qu'ils n'ont pu venir chercher qu'en renonçant à leurs habitudes les plus chères, en sacrifiant leurs intérêts les plus précieux et souvent en se séparant de leurs proches.

Il est bien entendu que les tuberculeux à forme torpide seront éloignés de Pau. Une autre contre-indication absolue est fournie par l'état trop avancé de la maladie. On envoie trop souvent à Pau des malades qui ne peuvent plus en retirer aucun bénéfice et auxquels on inflige un déplacement qui leur est toujours extrêmement préjudiciable.

Si, mettant à part la tuberculose, nous cherchons quelles sont les autres maladies justiciables du climat de Pau, nous verrons encore, dans les affections de l'appareil respiratoire, son influence s'exercer sur les bronchites aiguës ou chroniques qu'il guérit ou améliore, sur les reliquats de pleurésie ou de pneumonie. Si l'asthme vrai y subit plutôt une influence défavorable, il n'en est pas de même de l'asthme nerveux qui s'y trouve bien.

Nous avons vu que le climat de Pau régularisait et modérait la circulation ; malgré cela ses indications dans les affections de l'appareil cardio-vasculaire sont assez restreintes. Il paraît avoir une heureuse influence sur l'angine de poitrine et peut-être sur l'insuffisance aortique.

D'une manière générale, il ne doit pas être spécialement recherché pour les cardiaques et quoiqu'il ait peu d'action sur les lésions valvulaires, on fera bien de ne pas le conseiller aux malades asystoliques et à ceux dont le myocarde est sérieusement touché.

Les affections du tube digestif ne sont pas beaucoup plus améliorées par le climat de Pau. Les seules qui puissent y trouver un léger bénéfice sont les dyspepsies à forme gastralgiques et irritatives, les affections catarrhales de l'intestin.

Les hépatiques et les rénaux, les gravelleux en général n'ont rien à faire à Pau, bien qu'ils n'aient pas à redouter le climat de cette station.

Quant à la diathèse rhumatismale et à la goutte, elles semblent plutôt fàcheusement influencées par le climat de Pau, bien qu'il ne faille pas prendre au pied de la lettre les conseils de Garreau qui voulait qu'on écarte de Pau toutes les formes de l'arthritisme. Il est évident qu'un climat sédatif, tel qu'est celui que nous venons de décrire, ne convient guère aux affections attribuables au ralentissement de la nutrition.

Le rhumatisme articulaire aigu ne sera pas en général une contre-indication.

Les malades qui, après les tuberculeux, retireront le plus de bénéfice du climat de Pau, sont les nerveux. Sans doute, lorsque des lésions anatomiques existent, le climat de Pau ne peut guère avoir d'action ; cependant son influence sédative se fait sentir puissamment pour calmer les crises douloureuses du tabes. Ce sont surtout les névroses qui bénéficient du climat bromuré de Pau ;

les hystériques, les choréiques, les épileptiques avec crises convulsives s'en trouvent très bien. Quant aux névralgies, les unes sont très atténuées ou disparaissent, d'autres sont améliorées, quelques-unes sont exaspérées.

Les neurasthéniques et les surmenés, qu'il s'agisse de surmenage intellectuel ou de surmenage physique, se trouvent en général merveilleusement bien d'un séjour à Pau ; parfois incommodés au début, ils ne tardent pas à voir survenir une amélioration considérable et repartent guéris au bout de quelque temps.

Enfin les deux extrêmes de la vie, l'enfance et la vieillesse, se trouvent bien à Pau. — « J'ai bien des fois observé, dit Duboué, « l'influence heureuse qu'exerçait notre climat sur ces enfants « frêles et délicats venus du Nord, soumis jusque-là à l'influence « du climat froid et humide, et qui auraient été infailliblement « voués dans leur pays à la scrofule ou à la phtisie. C'est merveille « de voir comment ces petites natures languissantes se relèvent « vite sous l'influence de l'exercice au soleil et au grand air, avec « quelle rapidité l'appétit, les forces et la gaîté reviennent, le teint « se colore et la maigreur disparaît. »

La longévité relativement grande des Palois montre combien le climat de Pau peut être favorable aux vieillards. Il économise leur organisme affaibli (M. Clay) et ne les épuise pas en leur demandant des réactions trop vives, aussi cette ville tend-elle de plus en plus à voir s'augmenter le nombre des retraités qui viennent y finir leur existence.

Cependant, les enfants mous ou trop lymphatiques, les vieillards dont les réactions sont vraiment insuffisantes devront être éloignés de cette station.

Le climat de Pau convient enfin merveilleusement à la plupart des convalescents, principalement à ceux qui ont eu dans le courant de l'hiver des attaques d'influenza avec localisations bronchitiques ou pulmonaires. Quelques malades enfin ont pris l'habitude, après avoir passé l'hiver sur la côte d'azur, de venir faire à Pau leur « nach kur » ou « after cure » ; d'autres éprouvent le besoin pour se reposer des fatigues du climat trop excitant du littoral de venir se détendre sous l'influence du climat sédatif de Pau.

CHAPITRE VI

MANIÈRE D'UTILISER LE CLIMAT. — PRÉCAUTIONS A PRENDRE.
DATE D'ARRIVÉE. — DURÉE DU SÉJOUR. — NOMBRE DES SÉJOURS.
INSTALLATION

Après avoir posé les indications et contre-indications du climat de Pau, il sera peut-être utile de donner quelques renseignements sur la manière dont les malades doivent s'y comporter. Il en est des climats comme des médicaments ; il faut savoir s'en servir et en régler les doses ; il est, dans les meilleurs d'entre eux des heures à redouter, des journées trompeuses, des promenades à éviter à certains moments.

La première recommandation que l'on doit faire au malade arrivant à Pau, si banale qu'elle puisse être, est de se munir d'une ombrelle et d'un pardessus. Il ne devra pas sortir trop tôt le matin et, prenant en considération la chaleur et l'intensité des rayons solaires, il devra s'astreindre rigoureusement à rentrer chez lui une demi-heure avant le coucher du soleil. Lorsque dans la soirée, ce qui est assez fréquent, la température est douce, il pourra, s'il est valide et avec l'autorisation de son médecin, sortir de nouveau une heure après être rentré chez lui. Le malade devra éviter pendant les heures chaudes de la journée les promenades trop fortement chauffées par le soleil, surtout s'il a pour se rendre de la promenade à son domicile à traverser des rues froides et non ensoleillées. Sous aucun prétexte, l'excellence du climat ne doit dispenser des précautions ordinaires, plus utiles ici qu'ailleurs. Il faut avant tout que le malade se souvienne qu'il est en traitement et que, quelle que soit l'amélioration survenue, il ne doit se départir en rien des prescriptions médicales les plus rigoureuses.

Quelques points de détails me semblent utiles à préciser ici au point de vue de la date d'arrivée des malades, de la durée de leur séjour et de la nécessité de leur retour à Pau.

Il ne faut pas attendre pour envoyer les malades à Pau, surtout si leur maladie est avancée, qu'ils aient subi dans leur pays les premières atteintes du froid. Il ne faut pas oublier que l'automne est peut-être la meilleure saison de Pau. En envoyant dans cette station les malades de bonne heure, on allonge la durée de leur séjour et on les met dans les meilleures conditions possibles pour se préparer à l'hivernage. Il est bien entendu que l'action du climat sera d'autant plus heureuse que la maladie sera de date plus récente. Chaque hiver, on constate, chez les tuberculeux peu avancés surtout, des guérisons aussi remarquables que rapides.

Que le malade soit guéri plus ou moins réellement ou qu'il soit simplement amélioré, un ou plusieurs autres séjours à Pau sont presque toujours nécessaires pour les tuberculeux. Il est impossible de fixer à cet égard une règle absolue. « La dose climatérique, dit Duboué, est comme la dose médicamenteuse, elle doit varier suivant chaque malade. » D'une manière générale, cet auteur conseille aux malades de revenir au moins une année après l'achèvement de la guérison ou de la quasi-guérison qui s'est produite, une surveillance médicale rigoureuse dès le retour du malade dans ses foyers pourra seule faire juger de la nécessité d'un nouveau séjour dans le Midi. Nous ajouterons, avec Duboué, que le séjour à Pau devra être d'autant moins prolongé que l'affection pulmonaire dont tel ou tel malade sera atteint y aura été traitée de meilleure heure.

Enfin, le choix du logement est d'une importance capitale. Il devrait toujours être dirigé par le médecin, malheureusement il en est rarement ainsi ; le plus souvent le malade arrive à Pau, connaissant le nom du médecin auquel il est adressé, mais il ne va le voir ou ne le fait appeler que lorsqu'il a choisi, sans souci des exigences médicales, le logement qu'il va habiter pour tout l'hiver. Heureux encore quand ce n'est pas son logeur qui lui indique le médecin qu'il doit prendre ou qui le détourne de celui auquel il était adressé. Les malades pourront à Pau se loger absolument à leur guise suivant leurs préférences ; hôtels confortables, villas luxueuses ou modestes, entourées de jardin permettant de réaliser le « home sanatorium » du Pr Landouzy, appartements bien exposés, deux sanatoria admirablement installés et dirigés par des praticiens du plus grand mérite, ils trouveront à leur gré tous les modes d'installation qu'ils pourraient désirer.

Les désinfections au sublimé, à l'étuve, assurent l'innocuité parfaite du séjour dans les appartements quels qu'ils soient ; ce service fonctionne sous la surveillance du bureau municipal d'hygiène et de la municipalité. Les désinfections, officiellement facultatives, il est vrai, mais toujours exigibles par le locataire, sont attestées par des certificats fournis par la mairie.

Nous ne pouvons pas, en terminant, ne pas protester contre le reproche spécieux qu'on a fait aux stations climatériques d'être des foyers de contagion pour la tuberculose.

Il est au moins étrange de voir soutenir cette opinion intéressée par les défenseurs les plus acharnés des sanatoria où les phtisiques, avancés ou non, sont entassés.

On prétend assurer par la désinfection la pureté parfaite d'une habitation où les tuberculeux sont agglomérés et on ne pourrait pas assurer l'absence de contagion dans une ville où ils sont disséminés et où tout concourt à détruire les germes, dans un appartement ou une villa habités, au plus, quand ils ne sont pas loués à un simple amateur, par un seul malade qui les laisse vides pendant cinq mois de l'année pendant lesquels les locaux sont aérés et ensoleillés, ce qui assurerait déjà, même sans désinfection, la destruction complète des bacilles !

Dans les grandes villes d'ailleurs, comme on l'a surabondamment démontré, les rues, les cafés, les lieux de réunion sont fréquentés par des tuberculeux bien plus nombreux que dans les stations hivernales, qui crachent sur le sol, les parquets, les murs, ou, ce qui est pire, dans des crachoirs garnis de son ou de cendre, au lieu de recueillir avec soin leur expectoration dans des crachoirs vraiment hygiéniques, comme le fait le tuberculeux averti et éduqué qui se soigne loin de chez lui.

Le jour probablement assez rapproché où, les mœurs médicales s'étant modifiées, le médecin pourra à chaque instant, sans avoir le souci de justifier l'utilité de ses visites, aller vérifier si ses prescriptions sont ponctuellement suivies, où le malade sera convaincu de la nécessité d'une discipline parfaite, le sanatorium idéal sera réalisé, puisque le malade pourra vivre et se soigner au milieu des siens, dans le climat qui conviendra le mieux à la variété de son mal.

TABLE DES MATIÈRES

TABLEAUX

CHARTRES. — IMPRIMERIE DURAND, RUE FULBERT